SAUCE

SAUCE

快速掌握料理的靈魂

50道美味的素料理

醬，讓料理更好吃

王延庸・黃金生・邱寶鈅 著

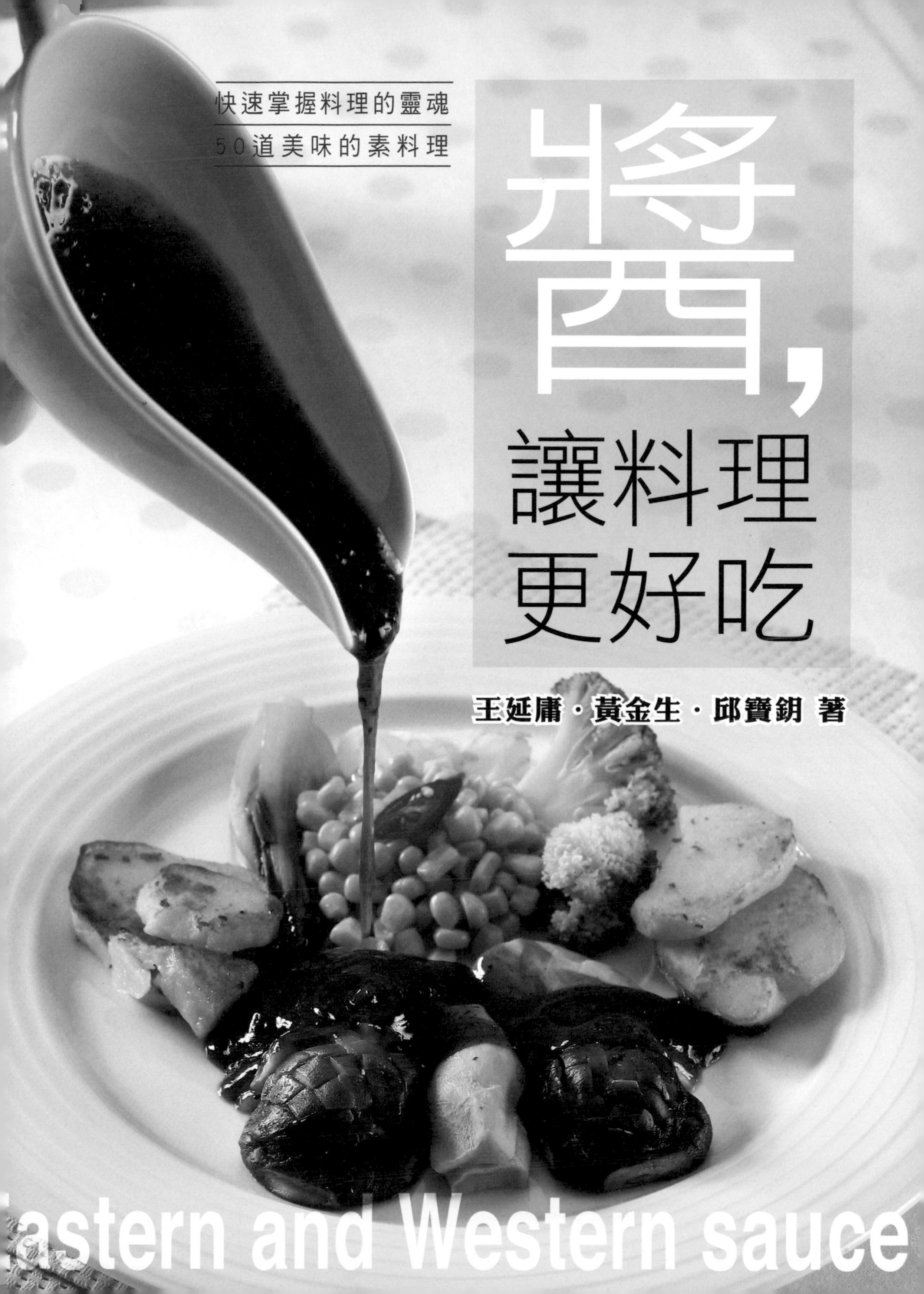

astern and Western sauce

{自序一}

以素食注重身體保健與養生

中華美食一向聞名於世，中國餐館散布在全球各個角落，飲食文化更在全世界獨領風騷。 中華飲食文化，由古至今包含甚廣，從食材（動物、植物、礦物、海產、衍生物）營養、烹調、食品、食療等等包羅萬象。 近世紀，由於時代的進步，經濟的成長造成大多數人營養過剩，飲食不均衡之現象，同時伴隨而來生活的壓力、環境的污染、藥品的濫用，許多文明病因而衍生，因此人們開始注重身體保健與養生，更從醫學、心理學、營養學、科學、人類學等之中外資訊以及各種宗教等多種論述，與客觀的理性分析，建立了國人正確的飲食觀念，因此素食的風行普及，與有機飲食的興起，在國內已蔚為風氣。

有鑒於此素食大師邱寶鈅女士為使素食更具豐富性與多元性，相邀本人與國內知名師傅黃金生先生，共同研發籌劃《醬，讓料理更好吃》一書，經過年餘的精心努力已完成此項具創意的素食食譜，為中華飲食文化增添一頁。 懇請讀者對本書所蒐集的資料與內容不吝指正，同時殷切冀望餐飲界之先進與同好能共同為推廣素食及國人之健康奉獻心力，不勝感激。

王延庸

學歷

國立空中大學人文學系

行政院勞委會職訓局導師工作研習會第十期結業

經歷

中國大陸災胞救濟總會導師、訓練師兼執行祕會

（創辦中餐及烘焙實習教室，由職訓局支援籌建）

中華民國烹飪研究中心中餐講師

中興大學農業推廣委員會食品及餐飲衛生管理班講師

文化大學家政系海外青年技術訓練班烹飪科教師

輔仁大學民生學院飲料調製套餐創業班教師

中華美食展（2002原鄉風味展組召集人）

天廚菜館經理

社團法人中華中外美饌研究發展協會發起人

當選第一屆理事長屆滿連任

中華素食技能發展協會祕書長、理長、常務理事

（現任理事兼執行長）

{自序二} 將醬料佐以餐餐美味

自幼是在貧窮鄉村成長，在完成國民小學學業後，就揹負家庭的經濟重擔而外出工作，在因緣際會下進入了餐飲工作，加上本身對烹調有濃厚興趣，因此展開廚師之路，我從學徒、助廚、廚師、副主廚、主廚、行政主廚，在這人生過程中，從努力中求成長，奠定了基礎的廚藝，在這段期間真誠感謝曾經教導過我的恩師及幫助過我的友人。同時感謝邱寶釧女士盛情邀請及鼓勵本人參與本書撰寫，將我所學習的經驗成果與大家分享，希望能帶給讀者餐餐美味。

黃金生

學歷

國立空中大學社會學系

產經大學第五期結業

專業技術士證照

中餐烹調技術士葷素食

乙級004605

中式麵食加工酥皮糕皮

丙級076-089304

中式麵食加工酥皮糕皮

丙級076-089305

西餐烹飪技術士　丙級000049

工作經歷

NACC美國海軍通訊中心俱樂部——學徒

MAAG美國顧問團軍官俱樂部廚師

紅寶石西餐廚師

圓山大飯店明哲廳（牛排館）廚師

加樂西餐廳主廚

桃園芝麻城大酒店副主廚

時代大飯店主廚

慶泰大飯店主廚

桃園中正國際機場過境旅館行政主廚

台北中華美展（原鄉風味組規劃人員）

台北中華美食天子宴規劃人員

桃園退輔會餐飲班兼任講師

桃園興工商兼任烹講師

土城市社區烹飪講師

台灣省八十八年分齡分業技能競賽餐飲服務職類裁判

中餐烹調衛生講習六十六小時

淡水社區大學西餐考照講師

元培技術學院兼任烹飪講師

靜宜大學烹飪兼任講師

桃園成功工商餐飲科講師

輔仁大學烹飪兼任講師

專長

菜單設計（中、西餐）

成本控制

人事管理（內場、外場）

膳食業務管理

食品衛生安全督導

研究食品開發

{自序三} 好料理離不開好醬汁

醬汁能提升料理的美味，讓料理呈現不同的風貌，在料理的世界裡醬汁占了甚為重要的角色，一個廚師的廚藝再怎麼高超，如果沒有醬汁的搭配，就像巧婦難為無米之炊，技術再好也很難變化出各式各樣讓人垂涎欲滴的料理，或是讓人食之終身難忘的菜餚。

其實要調一手好吃醬汁並不難，不一定要廚師或者美食專家才有辦法做出好醬汁，只要依循本書中醬汁的做法，不論您是家庭主婦、家庭主夫或上班族；無論老手或新手，都可以輕鬆調出美味、可口的醬汁，讓您所烹調出的佳餚，無論是用來宴客或自用，均兩相宜，都能受到家人、親戚、朋友的肯定與喜愛，對您刮目相看喔！

我在台北、台中參加國際有機素食美食展時，與很多讀者朋友見面聊了許多有關作菜的事情，她們訴說作菜過程中的種種趣事，以及得到家人肯定，那種幸福的容貌，特別的漂亮，讓我一起分享她們的喜悅，有位讀者說：「邱老師，我們不會作菜，買了很多食譜，想把菜做得好吃，讓家人享用，結果有的做得出來，有的做不出來，實在懊惱，只有您的食譜每道菜的作法寫得清楚、易懂，而且食材很都很容易取得，在市場或超市都可以買到，作法簡單，做起來好看又好吃，全家人都很喜歡。」 聽了這些話，讓我感動不已，這是我應該做的事，更感謝大家的鼓勵與支持，我會更加努力。

透過國際有機素食美食展的機會能夠和很多讀者朋友見面，瞭解大家的需求，所以這次應大家期望，寫了這本以醬汁為名，並製作了五十道東、西方的料理，希望帶給讀者朋友多元的料理、各國不同的美食風味，但願大家能喜歡。

本書邀請了西餐料理大師黃金生老師，以及中餐料理界的前輩王延庸理事長，與我一起腦力激盪。黃老師在西餐料理累積四十多年豐富的經驗，更是西餐界的佼佼者；王理事長對於中、西餐料理更是有其獨到之處，是餐飲業界的長者。有了這兩位前輩拔刀相助，讓本書增添無限光采。

感謝出版社詹先生、麗玲、攝影師王老師、阿蕉姨、張姐、阿枝姊，以及幕後工作同仁，付出智慧、時間、金錢同心協力方使本書能順利完成，辛苦了！感謝大家！

邱寶釧

學歷

國立空中大學社會科學系畢

國立空中大學生活科學系畢

經歷

行政院勞委會中餐烹調乙級、丙級考核及格 當選優秀大專青年楷模（94.3）

榮獲第一屆客家美食展全國社團組第三名（94.8）

曾任中華素食技能發展協會副理事長、現任本會祕書長

曾任國立空中大學推廣教育新竹中心中華料理指導老師

曾任農委會創意米食DIY指導老師

曾任竹南在地人社區大學素食烹調指導老師

曾任霧峰農會、竹南農會、竹南社區媽媽教室素食指導老師

曾任苗栗總工會簡餐點心飲料、經營訓練班講師

國際有機素食美食展現場素食美食展覽（95年7月台中世貿、台北世貿11月二館）

著作

《e世代中餐素食乙級專業書》

《e世代中餐素食乙級輔導考照》

《e世代中餐 素食丙級輔導考照》

《自己動手醃蘿蔔》

《家常養生健康素》（合著）

《來呷飯》

《百變健康素——豆腐》

《創意素食月子餐》

CONTENTS

目錄

Chapter 1
異國醬汁&西式醬料

醬，讓料理更好吃

CONTENTS

目錄

Chapter 2
東洋醬汁&中式醬料

醬，讓料理更好吃

本書計量換算表：

1大匙＝15cc＝3小匙，若無大匙可以一般喝湯的湯匙代替

1小匙＝5cc

1杯＝240cc

1斤＝1台斤＝16兩＝600公克

少許＝略加即可

適量＝端看口味增加份量

CHAPTER 1

異國醬汁&西式醬料

WESTERN SAUCE

翻開西洋經典史，異國風情、美酒佳餚飄香而來。

塔塔醬、沙拉醬、奶油醬、番茄醬，

異國醬料就是這麼濃郁芬芳，令人垂涎三尺。

調對醬料，讓整道菜餚增加美味，也能快速料理，

好吃醬，猶如同廚房的明燈，為料理增添視覺與美味的靈魂。

沾的、淋的、抹的，各式西式醬料增添我們生活的趣味，

就讓我們一起來嚐嚐西式醬料美味的口感吧！

SAUCE

1

{素高湯}

★材料

玉米------------------1條
白蘿蔔----------------1條
胡蘿蔔----------------1條
高麗菜-------------1/4顆
黃豆芽---------------半斤
甘蔗頭----------------1支

★作法

將以上蔬菜洗淨，切數塊或數片，放入大湯鍋中，加水八分滿，以大火煮開，再關小火煮3小時。

奶油玉米濃湯

Potage A La Corn

美味TIPS

1. 因玉米粒甜，玉米醬香，加在一起口味又香又甜。
2. 炒麵糊（油加麵粉就是麵糊）容易焦，要慢火炒香。
3. 建議食用時加少許粗黑胡椒粒，口味更香甜。

| 材料 |

A.奶油2大匙、沙拉油1大匙、高筋麵粉4大匙、月桂葉1片

B.素高湯1杯半、鮮奶油2大匙、玉米粒2大匙、玉米醬2大匙

| 調味料 |

鹽1/4小匙、香菇精1/4小匙、白胡椒粉1/8小匙

| 作法 |

1.鍋中放入材料A，以中火炒香。

2.加入素高湯，用打蛋器拌匀，煮10分鐘後濾渣，留湯備用。

3.加入鮮奶油、調味料調味，加入玉米醬和玉米粒，拌匀後裝入湯碗即可。

2

{奶油醬汁}

★材料

高筋麵粉------------------半杯
沙拉油---------------------半杯
高湯-------------------------5杯
鮮奶油---------------------半杯

★作法

1.鍋中放入沙拉油及麵粉，以中火炒香，加入高湯。
2.放入調理盆，以打蛋器拌勻，再加入鮮奶油拌勻。

美味TIPS

通心麵放入水中烹煮的時間不宜過長，否則會失去美味，煮至七分熟即可撈起。

乳酪焗通心麵

Macaroni Au gratin

|材料|

A.起司粉1小匙、蘇打餅乾3片

B.通心麵150公克、洋菇2朵、香椿1小匙、素蚵5粒
奶油醬汁1杯、馬鈴薯1顆

C.南瓜丁1大匙、玉米粒1大匙、荷蘭豆1大匙

|調味料|

鹽1/4小匙、白胡椒粉1/8小匙、香菇精1/4小匙、奶油醬汁1杯

|作法|

1. 蘇打餅乾放入碗中壓碎，加入起司粉拌勻；香椿切碎，備用。
2. 馬鈴薯洗淨、去皮，放入滾水鍋中煮熟，取出瀝乾水分，放入碗中壓成泥後，裝入擠花袋，備用。
3. 通心麵放入滾水鍋中煮熟，取出漂涼，備用。
4. 洋菇洗淨去蒂頭，切片；荷蘭豆洗淨；烤箱預熱至200℃。
5. 單手鍋中放入洋菇，以中火炒香，加入香椿、素蚵拌炒，再加入奶油醬汁和通心麵炒香，放入鹽、胡椒粉、香菇精調味後，裝入烤盤內，擠上洋芋泥，撒上蘇打餅乾及起司粉，放入烤箱烤10分鐘後即可取出。
6. 與燙熟南瓜丁、玉米粒、荷蘭豆搭配食用。

義大利素海鮮麵

Vegetarian Seafood w/ Spaghetti

| 材料 |

A.香菇1朵、胡蘿蔔50公克、紅辣椒1支

B.素蝦仁4粒、素蚵4粒、素鮑魚半粒、素海參50公克
素花枝50公克、青椒半粒

C.奶油醬汁1杯、義大利麵150公克

| 調味料 |

鹽1/4小匙、白胡椒粉1/8小匙、香菇精1/4小匙

| 作法 |

1. 義大利麵放入滾水鍋，煮至七分熟，取出漂涼。
2. 青椒洗淨去蒂，切絲；胡蘿蔔洗淨去皮，切絲；香菇洗淨去蒂頭，切絲；紅辣椒洗淨去蒂頭，切斜絲；素鮑魚洗淨，切條。
3. 單手鍋中放入材料A，以中火炒香，再加入材料B拌炒，最後加入奶油醬汁調味後裝盤。

美味TIPS

青椒勿太早入鍋拌炒，否則容易變黃，不會脆綠。

阿根廷燴甜菜根

Fresh Beet Root w/ Anganteuil Sauce

| 材料 |

A.甜菜根1條、奶油醬汁1杯

B.青江菜1小把、南瓜1小塊、玉米1段、蘆筍1小把
青豆1大匙

| 調味料 |

A.細砂糖50公克、白醋1杯

B.鹽1/4小匙、白胡椒粉1/8小匙、香菇精1/4小匙

| 作法 |

1. 蘆筍洗淨、去粗皮，放入滾水鍋中汆燙後取出，斜切成段，入另水鍋煮10分鐘，取出蘆筍段，留下蘆筍汁。
2. 取奶油醬汁1杯，加入蘆筍汁及鮮奶油拌炒，作成奶油蘆筍汁。
3. 甜菜根洗淨、去皮、切片，放入消毒玻璃罐中，倒入糖、醋醬泡、封蓋，冰箱冷藏2天，取出放入平底鍋兩面煎至金黃，裝盤後淋上蘆筍汁。
4. 材料B分別放入滾水鍋中，加入調味料B，燙熟後取出排盤，放上蘆筍段，再淋上醬汁。

美味TIPS

烹煮蘆筍亦可加少許油及鹽，油可讓蘆筍翠綠，鹽可去澀味。

紙包焗什錦菇

Mixed Mushroom EN Papillote

| 材料 |

A.洋菇1朵、香菇1朵、金菇30公克、杏鮑菇30公克
　鮑魚菇30公克

B.奶油醬汁1杯、香椿1小匙、起司1片

| 調味料 |

鹽1/4小匙、白胡椒粉1/8小匙

| 作法 |

1. 香椿洗淨，切碎。
2. 材料A菇類均洗淨去蒂，切成一樣大小的片狀。
3. 平底鍋中放入香椿，以中火炒香，加入所有菇類，以中火炒熟，最後加入奶油醬汁，裝在鋁箔紙上，加入起司後四邊均勻包起。
4. 放入預熱180℃烤箱中，烤至膨脹就完成。

美味TIPS

烤箱溫度以中火最適合，若溫度太高則容易還沒膨脹就烤焦了。

洛克菲勒焗素蚵

Rockefeller Vegetarian Oyster

| 材料 |

菠菜300公克、素蚵8粒、奶油醬汁1杯、麵包粉2大匙
香椿1小匙、奶油少許

| 調味料 |

鹽1/4小匙、白胡椒粉1/8小匙、荳蔻粉1/8小匙

| 作法 |

1. 菠菜洗淨，放入滾水中汆燙，取出漂涼後，擠乾水分去頭部，切碎；香椿切碎；素蚵洗淨，放入滾水中汆燙，取出瀝水。
2. 平底鍋中加奶油煮融，放入香椿，以中火炒香，依續再加入菠菜、素蚵拌炒，再加入奶油醬汁拌勻，裝入烤盤內，撒上麵包粉，放入預熱180℃烤箱中烤5分鐘。

美味TIPS

麵包粉通常用在日式炸豬排上，本道料理撒上麵包粉可以增加酥脆度。

乳酪焗烤什錦菇

Mixed Mushroom Au Gratin

| 材料 |

A.香菇1粒、洋菇1粒、金菇50公克、鮑魚菇50公克
杏鮑菇50公克

B.香椿1小匙、起司絲2大匙、起司粉1小匙
奶油起司1杯、奶油醬汁1杯

C.玉米1段、四季豆1支、馬鈴薯1塊、鮮香菇1朵

| 調味料 |

鹽1/4小匙、白胡椒粉1/8小匙、香菇精1/4小匙

| 作法 |

1. 所有菇類均洗淨，去蒂頭後切片；香椿切碎；玉米洗淨；四季豆摘去頭尾，去粗纖維，切段；馬鈴薯洗淨、去皮，切塊。
2. 平底鍋中放入香椿，以中火炒香，加入什錦菇炒熟，再加奶油醬汁調味後，裝入烤盤中，撒入起司絲及起司粉，放入預熱180℃烤箱中烤至褐色。
3. 將材料C放入滾鍋中分別燙熟，取出瀝水後即可與焗烤菇搭配食用。

美味TIPS

如果想吃濃郁一點的起司味，起司粉也可以多放一些。

麥年式素魚排

Vegetarian Salmon A La Meuniere

| 材料 |

紅山藥300公克、高筋麵粉2大匙、雞蛋1粒、玉米粒50公克
青花菜2小朵、荷蘭豆2片、香菇1朵、奶油醬汁1杯

| 調味料 |

鹽1/4小匙、白胡椒粉1/8小匙

| 作法 |

1. 紅山藥洗淨，去皮後切成厚片；蛋打散，放入碗內，以打蛋器拌勻。
2. 紅山藥加入調味料調味後，先沾麵粉再沾蛋液，放入平底鍋中兩面煎至金黃。
3. 加入少許高湯，放入預熱180℃烤箱中烤熟，取出裝盤後，放上燙熟的青花菜、香菇、荷蘭豆、玉米粒做裝飾，上菜前淋上奶油醬汁。

美味TIPS

紅薯是具高營養價值的一種山藥，也就是紫山藥或叫紅山藥（台語叫ㄤ吉），本身溫和健康，且吃過後可以有飽足感又營養均衡。

皇家杏鮑菇

Special Mushroom A La King

｜材料｜

A.杏鮑菇200公克、香椿1小匙、番茄半顆
奶油醬汁1杯、起司1片

B.青椒50公克、黃椒50公克、紅椒50公克
青江菜1棵、玉米粒少許、白飯1小碗

｜調味料｜

鹽1/4小匙、白胡椒粉1/8小匙、香菇精1/4小匙

｜作法｜

1. 杏鮑菇洗淨，對切開後再切斜片。
2. 甜椒洗淨去蒂，切成菱形，放入滾水中汆燙後，取出漂涼。
3. 平底鍋中加少許油，放入香椿，以中火炒香後，加入杏鮑菇炒熟，再加入奶油醬汁調味。
4. 番茄放上起司，放入預熱180℃烤箱中，烤至起司融化即可。
5. 青花菜、青江菜放入滾水中分別燙熟，並與玉米粒、白飯、甜椒一同放入盤中，最後搭配奶油菜料，趁熱上桌即可食用。

美味TIPS

甜椒冰鎮後，放入鍋中，撒上梅子粉拋勻出水，也很好吃。

3

{香葉奶油醬}

★材料

高筋麵粉----------------半杯
沙拉油------------------半杯
月桂葉-------------------2片
高湯----------------------3杯

★作法

1. 鍋中放入麵粉、沙拉油及月桂葉，以慢火炒香。
2. 加入高湯，再放入調理盆，以打蛋器拌勻過濾後即成。

焗北歐式杏鮑菇卷

Mushroom A La Scandinavian EN Cocotte

美味TIPS

使用黑橄欖是因為味道較濃郁，如果喜歡清淡一點可以加入綠橄欖。

| 材料 |

杏鮑菇1朵、胡蘿蔔50公克、高麗菜50公克、竹筍50公克
黑橄欖6粒、香葉奶油醬汁1杯、香椿1小匙

| 調味料 |

鹽1/4小匙、白胡椒粉1/8小匙、香菇精1/4小匙

| 作法 |

1. 杏鮑菇洗淨，切長薄片，放入滾水中汆燙，取出漂涼。
2. 胡蘿蔔洗淨去皮，高麗菜洗淨，竹筍洗淨去皮後，均切成絲再放入少許油鍋中，以中火炒熟。
3. 黑橄欖切片；香椿切碎。
4. 杏鮑菇包捲蔬菜三絲，以牙籤固定開口，裝入烤盤中。
5. 香椿放入鍋中炒香，加黑橄欖一起拌炒，倒入香葉奶油醬調味後，裝入杏鮑菇卷盤內，放入預熱160℃烤箱中烤10分鐘即可。

SAUCE

4

{蔬菜奶油醬汁}

★材料

A

胡蘿蔔----------------------------------1大匙

白蘿蔔----------------------------------1大匙

竹筍------------------------------------1大匙

紅辣椒-------------------------------------1支

B

奶油醬汁---------------------------------1杯

★作法

1. 紅辣椒洗淨、去蒂頭、去籽，切碎。
2. 蘿蔔均洗淨、去皮，切碎；竹筍去皮，切碎。
3. 鍋中加1大匙奶油煮融，放入材料A，以中火炒香，再加入奶油醬即可（參考P.14）。

麥年式素魚排

Meuniere Vegetarian Fish Steak

美味TIPS

山藥沾麵粉及蛋液可將外部黏稠的多醣體汁液包裹，再放入鍋中煎烤，可以鎖住營養成分。

| 材料 |

A.白山藥300公克、高筋麵粉2大匙、雞蛋1粒、高湯少許
蔬菜奶油醬汁1杯

B.四季豆50公克、玉米筍50公克、山蘇少許、胡蘿蔔50公克
地瓜1小塊、枸杞少許、麵條1小把

| 調味料 |

鹽1/4小匙、白胡椒粉1/8小匙

| 作法 |

1.山藥切成2份長方形，以溫熱水洗表層，放入調味料調味。
2.雞蛋打散，放入碗內，以打蛋器拌勻。
3.四季豆洗淨摘去頭尾，去粗纖維；玉米筍、山蘇洗淨；胡蘿蔔、地瓜洗淨，去皮；枸杞泡水至軟，麵條燙熱備用。
4.山藥先沾麵粉，再沾蛋液，放入平底鍋中，煎至兩面呈金黃，再放入烤盤中，加入少許高湯，放入預熱180℃烤箱中烤熟。
5.連同燙熟的材料B裝盤後，淋上蔬菜奶油醬汁即可。

5

{塔塔醬}

★材料

雞蛋----------------------1粒
沙拉醬--------------------1杯
酸黃瓜碎---------------1大匙
甜黃瓜碎---------------1小匙
乾巴西利---------------1小匙
酸豆--------------------1小匙

★作法

1. 雞蛋煮成白煮蛋，去蛋殼後切碎。
2. 沙拉醬、碎蛋、酸黃瓜、甜黃瓜、巴西利、酸豆放入調理盆中，混合攪拌即可。

美味TIPS

以紅茶葉煙薰，可以讓菇類有茶香味。

煙燻杏鮑菇

Smoked Abalone Mushroom Steak

| 材料 |

A.杏鮑菇2朵、紅茶葉5小包、低筋麵粉1小匙

B.南瓜100公克、玉米1小段、檸檬1顆、青花菜5朵、地瓜1小塊
青江菜1小段

C.塔塔醬1杯

| 調味料 |

鹽1/4小匙、白胡椒粉1/8小匙、細砂糖2大匙

| 作法 |

1. 南瓜、地瓜洗淨、去皮；玉米、青花菜、青江菜洗淨。
2. 杏鮑菇洗淨去蒂頭，修成方形，加鹽及胡椒粉調味，放入鋁箔紙內，再放入預熱180℃烤箱中烤熟，放在網架上。
3. 將細砂糖、紅茶葉、麵粉混合拌勻，鋪於鋁箔紙中。
4. 中式炒鍋中置入一網架後，擺入【作法3】及已烤熟的杏包菇，蓋鍋蓋後開火。有白煙時關中小火；直到黃煙時關火，燜5分鐘即可，隨後取出裝盤。
5. 材料B放入滾水鍋中分別燙熟後與杏鮑菇排盤，搭配塔塔醬食用。

地甫法蘭炸素蚵

Deep Fried Vegetarian Oyster

| 材料 |

A.素蚵8粒、麵包粉1杯、麵粉半杯、雞蛋2粒

B.青江菜1棵、玉米筍1根、荷蘭豆5片、青花菜1小朵
玉米1段、香菇1朵、枸杞數粒

C.塔塔醬1杯、白飯1小碗

| 調味料 |

鹽1/4小匙、白胡椒粉1/8小匙

| 作法 |

1.素蚵洗淨，放入滾水中汆燙後，取出瀝乾水分後，加入調味料調味。
2.雞蛋以衛生法打入碗內，以打蛋器拌勻。
3.青江菜洗淨，切段；玉米筍、荷蘭豆、青花菜、玉米、香菇洗淨；枸杞泡軟。
4.素蚵先沾麵粉、蛋液，再沾麵包粉，放入七分熱炸油鍋中，炸至金黃色。
5.材料B放入滾水鍋中分別燙熟，與白飯、素蚵一同排盤。食用時搭配塔塔醬。

美味TIPS

炸素蚵的時候一定要溫鍋中火，否則麵包粉會無法成型。

地甫法蘭鮑魚菇

Deepfried Abalone Mushrooms w/Tar-Tar Sauce

| 材料 |

A.鮑魚菇2朵、麵包粉1杯、麵粉1/4杯、蛋1粒

B.玉米粒3大匙、青花菜1朵、番茄1小片、高麗菜2片
木耳1片、蘆筍3支

C.塔塔醬1杯

| 調味料 |

鹽1/4小匙、白胡椒粉1/8小匙

| 作法 |

1. 鮑魚菇洗淨、去蒂頭，再把邊修成方形，放入調味料調味。
2. 雞蛋以衛生法打入碗內，以打蛋器拌勻。
3. 青花菜、高麗菜、木耳、蘆筍洗淨，高麗菜切絲。
3. 鮑魚菇先沾麵粉，沾蛋液後再沾麵包粉，放入160℃油鍋，炸至金黃色，撈起裝盤。
4. 材料B放入滾水鍋中分別燙熟後，與鮑魚菇拼盤，搭配塔塔醬食用。

美味TIPS

油溫若太高容易焦，油溫太低則炸不脆。

6

{沙拉醬}

★材料

蛋黃------------------------------------3粒

★調味料

A

芥末粉------------------------------1小匙

細砂糖------------------------------3小匙

鹽----------------------------------1/4小匙

B

白醋---------------------------------1/4杯

沙拉油-------------------------------4 杯

★作法

1. 材料A放入打蛋碗中，以打蛋器拌勻。
2. 加入白醋、蛋黃，然後沿碗邊慢慢拌入沙拉油，攪拌至濃稠即可。

新鮮蘆筍沙拉

Fresh Asparagus Salad

| 材料 |

鮮蘆筍600公克、水煮蛋1顆、胡蘿蔔絲少許
綠橄欖1顆、黑橄欖1顆

| 調味料 |

沙拉醬2小匙

| 作法 |

1. 蘆筍洗淨，去皮去尾，留嫩枝，與胡蘿蔔絲分別放入滾水中汆燙，取出放入冰水中漂涼。
2. 沙拉醬裝入擠袋；蛋切片；橄欖切片。
3. 蘆筍排盤，擠上沙拉醬，再放上蛋片、胡蘿蔔絲、綠橄欖、黑橄欖即可。

美味TIPS

1 切蛋片可用推切的方式，蛋不易碎。
2 如果沒有擠袋，也可以使用塑膠袋，角邊剪洞即可替代。

夏威夷鮑魚菇沙拉

Hawaiian Abalone Mushroom Salad

| 材料 |

鳳梨半顆、鮑魚菇200公克、西洋芹20公克、葡萄乾少許
黑橄欖少許、櫻桃少許

| 調味料 |

沙拉醬半杯、鹽1/4小匙

| 作法 |

1. 鳳梨半顆挖成鳳梨作碗，鳳梨肉切丁。
2. 鮑魚菇洗淨，切丁；西洋芹去皮去筋後，切丁，均放入滾水汆燙，加鹽調味再放入冰水漂涼，取出後瀝去水分。
3. 加入沙拉醬拌勻後，裝入鳳梨碗內，放上鳳梨肉，再撒上橄欖、葡萄乾，放上櫻桃即可。

美味TIPS

鳳梨肉不能與西洋芹、鮑菇一起拌，因為鮑魚菇和西洋芹調入鹽後，容易使鳳梨生水，失去美味。

8

{檸檬蛋黃醬}

★材料

沙拉醬---------------------1杯
新鮮檸檬汁-------------1大匙

★作法

將沙拉醬及檸檬汁放入調理盆中拌勻。（可搭配枸杞、香椿做裝飾）

素鮑魚沙拉

Vegetarian Abalone Salad

| 材料 |

素鮑魚1隻、美生菜100公克、沙拉醬半杯、酸豆少許
枸杞少許、番茄1顆

| 作法 |

1.番茄洗淨、去蒂，切片後鋪入盤底。
2.美生菜洗淨、切絲，泡入冰水中漂涼。
3.素鮑魚切片。
4.美生菜絲瀝乾水分放入盤內，沙拉醬先擠在生菜上，再排入素鮑魚，最後再擠上沙拉醬，撒上碎海苔，再裝飾上酸豆、枸杞。食用時搭配檸檬蛋黃醬。

乳酪恩利蛋

Cheese Omelette

| 材料 |

起司片2片、雞蛋3粒、馬鈴薯3片、番茄醬半杯

| 調味料 |

鹽1/4小匙、白胡椒粉1/8小匙

| 作法 |

1. 馬鈴薯放入鍋中，兩面煎至金黃。
2. 起司片切小丁。
3. 雞蛋以衛生法打入湯碗，加調味料、起司丁調味，以打蛋器拌勻，以八吋平底鍋煎成半月形後，連同馬鈴薯一起裝盤。食用時搭配番茄醬。

美味TIPS

衛生法為西餐執照專業用語。即先將蛋打入小碗，確認沒有壞再倒入容器內。

夏威夷蔬菜炒飯

Hawaiian Vegetarian Fried Rice

| 材料 |

青江菜30公克、高麗菜30公克、胡蘿蔔30公克
香菇30公克、青椒30公克、白飯1碗、素菜酥2大匙
鳳梨30公克、番茄醬半杯

| 調味料 |

橄欖油1大匙、鹽1/4小匙、白胡椒粉1/8小匙、香菇精1/4小匙

| 作法 |

1. 青江菜、高麗菜洗淨後，切碎；胡蘿蔔洗淨去皮，切碎；香菇洗淨去蒂頭後，切碎；青椒洗淨去蒂頭、去籽，切碎；鳳梨切塊。
2. 熱平底鍋加油燒熱後，加入所有的蔬菜，以中火炒熟，加入白飯，放入其餘調味料調味，拌炒均勻即可，食用時搭配番茄醬。

美味TIPS

炒飯要有水準，米飯每一粒不能黏在一起，要粒粒分明。新手炒飯可用冷飯炒，較好炒，但用熱飯炒較香。

義大利茄汁炒什錦菇

Spaghetti Mixed Vegetarian Mushrooms w/Tomato Sauce

｜材料｜

金針菇30公克、香菇30公克、洋菇30公克、杏鮑菇30公克
鮑魚菇30公克、義大利麵150公克、九層塔1支、青椒20公克
胡蘿蔔20公克、番茄醬1杯

｜調味料｜

鹽1/4小匙、白胡椒粉1/8小匙、素香菇精1/4小匙

｜作法｜

1.金針菇洗淨去蒂頭，切段；香菇、洋菇洗淨去蒂頭，切片；杏鮑菇洗淨，切片。鮑魚菇洗淨切片；青椒洗淨去蒂頭，切絲；胡蘿蔔洗淨去皮，切絲，備用。

2.義大利麵放入滾水鍋中，煮至七分熟。

3.平底鍋中放入菇類、青椒、胡蘿蔔，以中火炒熱，再加入番茄醬拌勻，最後加入義大利麵，放入調味料調味後裝盤。

4.再裝飾九層塔即可。

美味TIPS

如果要炒起來更香，也可加橄欖油風味更佳。

奶油炒蛋

Scrambled Egg w/ Tomato & Mushrooms

| 材料 |

雞蛋3粒、鮮奶1/4杯、洋菇4朵、番茄半顆、起司少許
番茄醬半杯

| 調味料 |

鹽1/4小匙、白胡椒粉1/8小匙、奶油適量、香椿末少許

| 作法 |

1. 番茄半顆放上起司，放入預熱180℃烤箱中烤香。
2. 洋菇洗淨、去蒂頭，切片，放入鍋中，以奶油炒香。
3. 雞蛋以衛生法打入碗內，加入鮮奶、鹽、胡椒粉調味，並以打蛋器拌勻。
4. 平底鍋加奶油，放入蛋液，把蛋炒熟後，撒上香椿末，與洋菇、番茄，搭配番茄醬食用。

美味TIPS

1 平底鍋不能太熱，否則容易焦，因為奶油含百分二十的鮮奶成分。
2 這是西餐早餐炒蛋，蛋要嫩而柔軟，千萬不能炒太久，否則蛋會太硬。

鐵排乳酪三明治

Grilled Cheese Sandwich

| 材料 |

土司2片、起司片2片、奶油2大匙、薯條適量
番茄1塊、番茄醬半杯

| 作法 |

1. 土司兩面均抹上奶油後，放在平底鍋上煎，翻面後再加上起司片夾起，待兩面煎至金黃後對開切斜片。
2. 再將薯條放入炸油鍋中炸熟，與番茄一同裝盤，食用時可搭配番茄醬。

美味TIPS

炸薯條油鍋不能太大火，否則薯條容易焦黑。

10

{ 甜辣醬 }

★材料

番茄醬--------------------半杯
辣醬油-------------------1大匙

★作法

碗中放入番茄醬、辣醬油混合後拌勻。

弗利達炸素魚條

Fritters fried Vegetarian Fish

美味TIPS

杏鮑菇外表以廚房紙巾輕拭，薄薄灑上麵粉，等麵粉回潮，再沾麵糊。下油鍋炸後才不會糊。

｜材料｜

A.杏鮑菇200公克 、低筋麵粉1大匙

B.青花菜1小朵、玉米粒適量、香菇1朵、四季豆3～4根

甜辣醬3大匙

｜麵糊材料｜

1顆雞蛋、新鮮牛奶120公克、水120公克、3/4杯麵粉、糖1大匙

鹽1/4小匙、泡打粉1小匙

｜調味料｜

鹽1/4小匙、白胡椒粉1/8小匙

｜作法｜

1. 杏鮑菇洗淨，切成長條，放入滾水汆燙，再放入冷水中漂涼，取出瀝去水分，加調味料調味。
2. 炸麵糊材料放入調理盆調勻成麵糊；青花菜、香菇洗淨；四季豆洗淨，摘去頭尾及粗纖維，切段。
3. 杏鮑菇先沾乾麵粉，再沾麵糊，放入炸油鍋中炸至金黃色。
4. 連同燙熟的青花菜、玉米粒、香菇、四季豆一起排盤，搭配甜辣醬食用。

12

{百香果醬}

★材料

沙拉醬--------------------------1包
百香果醬----------------------半杯

★作法

將沙拉醬、百香果醬放入調理盆中，混合調勻即可。

百香果土司餅

Sandwich

| 材料 |

土司2片、馬鈴薯1個、甜玉米粒半杯、素火腿2片、麵粉1杯
沙拉醬半包、百香果醬1大匙

| 作法 |

1.將土司邊切除；馬鈴薯洗淨、蒸熟、去皮、放入調理盆壓成泥；素火腿切丁；麵粉加120cc水調成麵糊。

2.蒸熟馬鈴薯泥、素火腿丁、甜玉米粒，加入半包沙拉醬一起拌勻，做成餡料。

3.取一片土司在上面塗滿餡料及百香果醬，再取一片土司蓋上，然後整塊土司沾上麵糊，放入炸油鍋炸至金黃後撈起，瀝乾油後，再把土司塊對角斜切成對半或三角形，即可排盤，並趁熱食用。

SAUCE

13

{紅莓優格醬}

★材料

優格------------------50公克
紅莓醬----------------30公克
蜂蜜 -----------------------適量

★作法

取優格、紅莓醬、蜂蜜放入調理盆中混合調勻即可。

紅莓水果沙拉

Fresh Fruit Salad

材料

蒟蒻麵80公克、火龍果1/4顆、蘋果1/8顆、楊桃2片
葡萄1顆、黃番茄1顆、紅番茄1顆、奇異果1顆、紅莓優格醬半杯

作法

1. 番茄洗淨、去蒂；奇異果、火龍果去皮後挖球；楊桃洗淨、切片；蘋果洗淨後去皮、切塊，備用。
2. 蒟蒻麵放入滾水汆燙後，泡入冷水漂涼後撈起，與火龍果、蘋果、楊桃、葡萄、番茄一起放入碗中。
3. 將紅莓優格醬淋入碗中即可食用。

美味TIPS

紅莓水果沙拉冰鎮後更好吃，醬汁也可以沾著吃，不一定要淋在食物上。蘋果及楊桃切片後先以鹽水洗一下，才不會變色。

CHAPTER 2
東洋醬汁&中式醬料
EASTERN SAUCE

打開東洋經典故事，家常醬料、道地美食簇擁而來，

素醬汁、咖哩醬、青醬、糖醋醬、桔子醬，

中式醬汁就是這麼快速、美味。

小吃麵、蚵仔煎、紅麴飯、香椿麵讓一道道的美味小吃活躍增鮮，

中式醬料裡的小吃文化，讓美味的醬料增添人文氣息，

這天讓我們舞動竹筷、揮動衣袖，

一起來品嚐中式醬料的獨特美味吧！

14

{素醬汁}

★材料

A

芹菜-------------------50公克
胡蘿蔔---------------50公克
番茄糊-----------------1大匙
番茄汁--------------------1杯
高湯-----------------------3杯

B香料

義大利香料------------1大匙
百里香-----------------1小匙
肉桂葉--------------------1片

★調味料

鹽--------------------1/4小匙
白胡椒粉------------1/8小匙
香菇精---------------1/4小匙

★作法

將材料A、B及調味料放入調理盆中，混合拌匀即可。

鐵排素肉排

Smoked Abalone Mushroom Steak

| 材料 |

香菇3朵、胡蘿蔔1小片、青江菜1小段、玉米筍5支
南瓜1小塊、起司2片、玉米粒3大匙、豆苗適量、素醬汁3大匙

| 調味料 |

鹽1/4小匙、白胡椒粉1/8小匙

| 作法 |

1. 香菇洗淨去蒂頭，修成方形；胡蘿蔔、南瓜洗淨，去皮；青江菜洗淨、玉米筍、豆苗洗淨，備用。
2. 平底鍋放入香菇，以中火煎熟後裝盤。
3. 胡蘿蔔、青江菜、玉米筍、南瓜、玉米粒、豆苗分別放入滾水鍋中燙熟，取出排盤，搭配香菇、起司，食用時淋上素醬汁即可。

燒烤杏鮑菇

Roast Mushroom Steak w/Gravy

| 材料 |

杏鮑菇2顆、四季豆5根、香菇1朵、鳳梨2片、蘆筍1根
玉米半根、豆苗少許、山蘇少許、素醬汁半杯

| 調味料 |

鹽半小匙、白胡椒1/8小匙

| 作法 |

1. 杏鮑菇洗淨，切成長方形，以鹽、白胡椒調味後，放入預熱180℃烤箱中烤熟。
2. 四季豆洗淨，摘去頭尾去纖維，切段；香菇、玉米、山蘇、豆苗洗淨。
3. 四季豆、香菇、鳳梨、蘆筍、玉米、豆苗、山蘇放入鍋中分別燙熟，取出後裝盤，搭配杏鮑菇，食用時再淋上素醬汁。

美味TIPS

杏鮑菇放上鋁箔紙內，放炒鍋一樣也能燒烤美味。

15

{義大利素肉醬}

★材料

番茄------------------------------------1大匙
番茄汁------------------------------------半杯
洋菇------------------------------------3朵
番茄糊------------------------------------2小匙
素肉------------------------------------70公克
義大利香料------------------------------半小匙
百里香------------------------------1/4小匙
匈牙利甜紅椒粉----------------------1/4小匙
肉桂葉------------------------------------1片
鹽------------------------------------1/4小匙
白胡椒粉--------------------------------1/8小匙

★作法

1. 素肉泡軟、切碎；洋菇洗淨去蒂頭、切碎；番茄洗淨去蒂頭、底部劃十字，放入滾水中汆燙去皮，切碎。
2. 鍋中放入洋菇、素肉，以中火炒香，再加入番茄糊、香料、番茄、番茄汁調味即可。

義大利素肉醬麵

Spaghetti w/Italian Vegetarian Meat Sauce

| 材料 |

A.義大利麵150公克、奶油1小塊、香椿少許
義大利素肉醬1杯

| 調味料 |

鹽1/4小匙、白胡椒粉1/8小匙

| 作法 |

1. 義大利麵放入鍋中煮熟，取出沖冷水。
2. 炒鍋中加奶油煮融，加入義大利麵拌炒，取出放入盤內，撒上香椿，食用時淋上義大利素肉醬即可。

16

{和風醬}

★材料

醬油--------------------1大匙
味醂--------------------1大匙
烏醋--------------------1大匙
檸檬汁------------------1大匙
胡椒鹽------------------1小匙

★作法

將醬油、味醂、白醋、檸檬汁放入調理盆中，混合拌勻即可。

美味TIPS

沙拉油耐高溫，油炸時最好用沙拉油；儘量避免使用橄欖油油炸，橄欖油不耐高溫，不適合高溫油炸。

大阪燒

Deep Fried Vegetable

| 材料 |

細麵80公克、高麗菜絲30公克、胡蘿蔔絲20公克、牛蒡絲30公克
芋頭絲20公克、香菜1棵、黑芝麻少許、聖女小番茄1顆、和風醬汁1杯

| 調味料 |

酥炸粉30公克、胡椒鹽適量

| 作法 |

1. 酥炸粉加少許水拌勻，再放入洗淨高麗菜絲、胡蘿蔔絲、牛蒡絲、芋頭絲、香菜，攪拌均勻後捏成塊狀，放入180℃油鍋炸酥，撈起瀝油，製作成大阪燒，撒上胡椒鹽。
2. 將細麵放入滾水鍋中燙熟，取出擺盤，淋上和風醬汁，撒上黑芝麻，最後擺上大阪燒、番茄即可。

17

{ 咖哩醬 }

★材料

咖哩粉------------------1小匙
高筋麵粉------------1/2小匙
高湯---------------------1/2杯

★作法

鍋中放入咖哩粉、麵粉，以中火炒香，加入高湯拌勻即成。

咖哩燴飯

Curry Vegetable w/ Rice

| 材料 |

A.馬鈴薯50公克、胡蘿蔔50公克、白蘿蔔50公克、玉米筍2根
洋菇1朵、青豆1小匙、咖哩醬1杯

B.葡萄乾少許、豌豆苗少許、白飯1碗

| 調味料 |

鹽1/4小匙、白胡椒粉1/8小匙、香菇精1/4小匙

| 作法 |

1.馬鈴薯、胡蘿蔔、白蘿蔔均洗淨、去皮及去頭尾，切成滾刀塊。
2.玉米筍洗淨，切塊；洋菇洗淨去蒂頭，切塊。
3.材料A放入鍋中，以中火把蔬菜煮熟，搭配材料B裝盤食用。

18

{青醬}

★材料

巴西利汁------------------------1杯
糖-------------------------------1/4杯
白醋----------------------------1/4杯
油-------------------------1又1/3杯
鹽------------------------------2小匙
胡椒粉----------------------半小匙
沙拉醬--------------------------1包
芥茉粉----------------------1小匙
巴西利-----------------------1小株

★作法

將巴西利放入果汁機打碎，再加入其餘所有材料，拌勻即成醬汁。

青醬紅麴麵

Special Noodles with Green Sauce

| 材料 |

A.腐衣1張、綠竹筍1支、香菇2朵、豆乾2塊、素火腿2片、香菜3棵

B.麵粉少許、胡蘿蔔1小片、豆芽少許、紅麴麵60公克

| 調味料 |

鹽1小匙、胡椒粉少許、橄欖油少許

| 作法 |

1. 腐衣分成三等分；綠竹筍、香菇、豆乾洗淨，切絲；素火腿切絲；香菜洗淨，切段，備用。
2. 先將綠竹筍、香菇、素火腿、豆乾絲、香菜放入油鍋中，以中火炒熟，再放入少許鹽、胡椒粉調味，盛起後做內餡。
3. 取1/3張腐衣攤平，把炒好內餡放上，包捲成長條形，封口塗上麵粉調水而成的麵糊，放入180℃油鍋炸至金黃色後，即為蔬菜卷，撈起排盤。
4. 紅麴麵、胡蘿蔔、豆芽分別放入滾水鍋中燙熟，拌入少許橄欖油、鹽調味拌勻，與蔬菜卷放在盤中，淋上青醬即可食用。

19

{ 糖醋醬 }

★材料

白醋------------------------1杯
細砂糖---------------------1杯
番茄醬---------------------1杯
水----------------------------2杯
鳳梨------------------------1粒

★作法

1. 取鳳梨皮，切小塊；鳳梨肉食用掉。
2. 不鏽鋼碗中放入白醋、細砂糖、番茄醬、水、鳳梨皮塊，以小火煮至鳳梨皮軟為止。
3. 取出鳳梨皮，過濾後即成。

糖醋素排

Vegetarian Meat w/Sweet &Sour Sauce

美味TIPS

炸素排骨要先開大火轉中火，炸至浮起，才會熟。

| 材料 |

素排骨6塊、青椒50公克、黃椒50公克、甜薑20公克
鳳梨30公克、鳳梨半顆、糖醋醬1杯

| 調味料 |

橄欖油1小匙

| 作法 |

1. 青椒、黃椒、甜薑均洗淨，去蒂、去皮，切斜片。
2. 鳳梨去皮、去芯後，切斜片，鳳梨殼留用。
3. 起炸油鍋，放入青椒、黃椒過油，再放入素排骨，炸至酥脆後，取出瀝油，放入炒鍋中，加糖醋醬翻炒數下。
4. 最後加入青椒、黃椒、甜薑、鳳梨一起拌炒，加入鳳梨殼內。

20

{芝麻醬}

★材料

芝麻醬------------------2大匙
醬油----------------------1大匙
胡麻油------------------1小匙

★作法

鍋中倒入半碗水，以大火煮沸後，放入芝麻醬拌勻，再以小火慢煮，從鍋邊慢慢倒入醬油，熄火後倒入胡麻油拌勻。

美味TIPS

調芝麻醬時必須等鍋中水滾後才能放芝麻醬，然後用小火慢慢攪拌均勻，再加入醬油才不會燒焦，關火後再放胡麻油，如此才不會破壞對人體有益能活化細胞的亞麻仁酸。

芝麻拉麵

Sesame Noodles

| 材料 |

拉麵80公克、小黃瓜50公克、胡蘿蔔30公克
高麗菜30公克

| 作法 |

1. 小黃瓜、高麗菜洗淨後，切絲；胡蘿蔔洗淨去皮，切絲，備用。
2. 麵放入滾水鍋中燙熟，放入盤中，搭配高麗菜絲、小黃瓜絲、胡蘿蔔絲一起擺盤。
3. 淋上芝麻醬，拌勻後即可食用。

21

{ 甜麵爆醬 }

★材料

薑----------------------------------少許
辣椒--------------------------------適量
甜麵醬-----------------------------1大匙
番茄醬-----------------------------1小匙
醬油--------------------------------1小匙

★作法

1. 起鍋加少許油，放入薑、辣椒，以中火爆香後撈掉，轉小火，再放入甜麵醬炒香。
2. 加入1/4杯水調勻甜麵醬後，再倒入番茄醬、醬油炒香即可。

香椿麵

Special Noodles with Green Sauce

美味TIPS

洋菇切四刀後，以刀子壓扁，成拳頭形狀，在洋菇底部沾上太白粉，輕輕壓緊，入鍋油炸才不會變形，而且會收汁，洋菇面不要沾粉，佛手才能看得清楚。

| 材料 |

洋菇2顆、太白粉半杯、薑3片、紅辣椒1條、香椿麵60公克
蒟蒻墨魚6卷、佛手半斤

| 調味料 |

炸油1杯、甜麵醬半杯、番茄醬半杯、醬油1小匙

| 作法 |

1. 洋菇洗淨，放入滾水中汆燙，在每朵洋菇切四刀後，以刀子壓扁成手拳頭形狀，在洋菇底部沾上太白粉，輕輕壓緊。
2. 起油鍋，待油溫燒至160℃左右，放入洋菇炸至金黃色後撈起。
3. 另起鍋，放入少許油爆香薑、辣椒，撈起後轉小火，再放入甜麵醬炒香，加入1/4杯水調勻後，再放入番茄醬、醬油一起拌炒，最後放入佛手，開大火快速爆炒至佛手收汁即可關火。
4. 香椿麵條、蒟蒻墨魚分別放入滾水中燙熟，拌上少許油，置於盤中，與佛手、胡蘿蔔排盤。

SAUCE

22

{乾燒醬}

★材料

辣豆瓣醬--------------------1大匙
酒釀--------------------------1大匙
細砂糖 ----------------------1大匙
紅辣椒-----------------------1小條
薑------------------------------1小匙
橄欖油----------------------200cc
芹菜末-----------------------1小匙
太白粉水---------------------20cc

★作法

1. 辣椒洗淨後去蒂並切末；薑去皮、切末。
2. 起鍋加少許油，放入辣椒、薑後，以中火炒香，再放入辣豆瓣醬、酒釀、糖拌炒，加入其餘油調勻，再放入芹菜末及太白粉水勾芡，即成醬汁。

柴把麵疙瘩

Vegetarian Dumplings

| 材料 |

A.金針菇100公克、芹菜1根、紅辣椒1條、薑3片、芹菜1根
麵疙瘩1包、酥炸粉1杯

B.百頁豆腐30公克、胡蘿蔔30公克、素火腿30公克、香菇1朵

| 作法 |

1. 金針菇洗淨去蒂，分成數小撮；芹菜洗淨；辣椒洗淨去蒂、薑洗淨去皮、芹菜洗淨去纖維，三者再放入滾水汆燙；麵疙瘩放入滾水燙熟，放入盤中。
2. 取一小撮金針菇，以芹菜綁成柴把，沾上酥炸粉，放入180℃油鍋中，炸至金黃色，撈起排盤。
3. 百頁豆腐、胡蘿蔔、素火腿、香菇洗淨，切條後，以芹菜綁成柴把，放入滾水鍋中燙熟，與金針菇柴把、麵疙瘩排盤後，再淋上乾燒醬即可食用。

23

{桔子醬}

★材料

鹽------------------------------1小匙
胡椒粉-----------------------半小匙
桔子醬-------------------------1/4杯
香菇素蠔油--------------------1/4杯
檸檬汁------------------------1小匙

★作法

將所有材料放入調理盆中一起拌勻即可。

吉祥如意

Vegetarian Roll

| 材料 |

鮑魚菇2大片、素火腿2片、胡蘿蔔1/4條、酸菜仁2片、竹筍1片
洋香瓜1片、芹菜1棵、香菇1朵、麵粉少許

| 調味料 |

鹽1小匙、胡椒少許

| 作法 |

1. 鮑魚菇放入滾水汆燙取出，在鮑魚菇背面切花，用鹽、胡椒粉醃十分鐘；素火腿切絲；胡蘿蔔、酸菜仁洗淨，切絲；洋香瓜切絲；香菇洗淨切絲。
2. 在鮑魚菇光滑表面抹上乾太白粉後，再將素火腿、胡蘿蔔、酸菜仁絲、洋香瓜、香菇片擺在鮑魚菇光滑表面上，包捲成長形，以麵粉調少許水成的麵糊封口後，再以芹菜綁住，放入180℃油鍋中炸至金黃色後撈起，待涼即可切片排盤。
3. 食用時沾桔子醬食用。

24

{蚵仔煎醬}

★材料

鹽------------------------------1小匙
胡椒粉----------------------半小匙
甜辣醬-----------------------1/4杯
番茄醬-----------------------1/4杯
素蠔油-----------------------1大匙
橄欖油----------------------1大匙

★作法

將甜辣醬、番茄醬、素蠔油放入調理盆中拌勻，再加入鹽、胡椒粉、橄欖油調勻即可。

素蚵仔煎

Broiled Vegetarian Cake

美味TIPS

1 調地瓜粉糊時不要調太稠。
2 煎蔬菜糊的鍋子要乾鍋，不要太多油，否則會黏鍋。

｜材料｜

絲瓜少許、草菇50公克、小白菜3棵、碎海苔30公克
蛋1顆、蚵仔煎醬汁1杯

｜調味料｜

橄欖油少許、鹽1小匙、地瓜粉50公克、胡椒粉少許

｜作法｜

1. 絲瓜去皮，切丁；小白菜洗淨，切段；蛋放入碗中打散。
2. 起油鍋放入絲瓜、草菇，以中火炒熟，放入鹽調味後盛起。
3. 地瓜粉加適量水、胡椒粉調勻，再把【作法2】炒好的料加入拌勻成蔬菜糊。
4. 熱鍋，加入少許油，放入蔬菜糊、小白菜、碎海苔，再加入蛋汁，以小火慢慢煎至金黃，翻面煎至金黃，食用時可搭配蚵仔煎醬汁。

25

{ 話梅醬 }

★材料

紅色話梅果肉--------------------酌量
橄欖油----------------------------1大匙
香菇素蠔油----------------------1大匙
味醂--------------------------------1大匙
香油--------------------------------1大匙

★作法

將紅色話梅果肉切碎，與橄欖油、香菇素蠔油、味醂、香油混合拌勻。

美味TIPS

寧波年糕燙熟後立刻浸泡於冰開水中，這樣可讓年糕更有Q感，再加入橄欖油拌勻，年糕就不會黏成一團。

梅開滿庭香

Vegetarian Rice Pudding

| 材料 |

寧波年糕150公克、香菇3朵、玉米筍3根
小番茄2粒、美生菜1/8顆、小黃瓜半條
大黃瓜1小條、話梅醬半杯

| 調味料 |

橄欖油適量

| 作法 |

1. 年糕放入滾水鍋中燙熟，取出浸泡冰開水，漂涼後撈起，加入橄欖油拌勻，盛入盤中。
2. 香菇、玉米筍洗淨，放入滾水鍋中燙熟後排盤；番茄洗淨切半；美生菜洗淨，切片後排盤。
3. 在寧波年糕及蔬菜盤上淋上話梅醬汁後即可享用。

26

{烏梅醬}

★材料

烏梅汁------------------1大匙
醬油---------------------1大匙
味醂---------------------1大匙

★作法

將烏梅汁、醬油、味醂放入調理盆中，混合調勻即成。

涼拌蘆薈梅汁

Fresh aloe vera Salad

| 材料 |

蘆薈1大片、石蓮花3片、山藥50公克、麻糬1粒、海苔3片
烏梅汁半杯

| 作法 |

1. 蘆薈洗淨後去外皮，取肉、切塊；石蓮花洗淨，與蘆薈肉分別用保鮮膜包裹好放入冰箱冰鎮，取出排盤，淋上烏梅汁。
2. 山藥洗淨去皮，切塊，放入電鍋內鍋中，外鍋放半杯水蒸熟，取出後以海苔包好。
3. 將蘆薈、石蓮旁擺上山藥、麻糬，沾醬油食用即可。

綠野迷蹤

Vegetarian Noodles

| 材料 |

乾南瓜麵60公克、西洋芹1支、玉米筍2條、鮮百合半顆
聖女小番茄5粒、松子30公克

| 調味料 |

橄欖油1小匙

| 作法 |

1.西洋芹洗淨，去粗纖維；玉米筍洗淨；聖女小番茄洗淨、去蒂；鮮百合剝片狀，洗淨。
2.南瓜麵放入滾水中燙熟，加入少許橄欖油拌勻後放置於盤中。
3.熱鍋加橄欖油燒熱，加入西洋芹、玉米筍、鮮百合、聖女小番茄，以中火炒香後，取出放在麵上。
4.淋上香椿醬，撒上炸香松子即可。

28

{紅麴醬}

★材料

紅麴醬------------------1大匙
果糖----------------------1大匙

★作法

將紅麴醬加果糖放入調理盆中，加入果糖攪拌均勻即成。

美味TIPS

紅麴醬一般偏鹹，可加入糖或果糖攪拌均勻作成醬汁才不會太鹹，腰果亦可購買現成炸好的。

紅麴波菜麵

China Special Spinach Noodles

| 材料 |

菠菜麵150公克、牛蒡絲50公克、胡蘿蔔絲公克
腰果少許、紅麴醬3大匙

| 調味料 |

橄欖油1大匙

| 作法 |

1. 菠菜麵放入滾水中燙熟，加入橄欖油拌勻後，取出放入盤中。
2. 將胡蘿蔔絲、牛蒡絲、腰果放入炸油鍋中炸熟，取出搭配菠菜麵排盤。
3. 淋上紅麴醬即可食用。

29

{鐵板麵醬}

★材料

番茄醬----------------------1大匙
甜辣醬----------------------1大匙
香椿醬----------------------1小匙
醬油------------------------半小匙
白葡萄酒------------------半大匙
紅葡萄酒------------------半大匙
奶油--------------------------少許
起司粉-----------------------少許

★作法

熱鍋加奶油、起司粉煮融，將番茄醬、甜辣醬、香椿醬、白葡萄酒、紅葡萄酒放入鍋中，混合拌勻，以小火慢煮2分鐘，至香氣溢出，即成醬汁。

鐵板麵

Grilled Vegetarian Noodles

| 材料 |

油麵200公克、青豆仁30公克、胡蘿蔔30公克、玉米粒30公克
蛋1個、奶油少許

| 調味料 |

起司粉適量

| 作法 |

1. 鐵板放在瓦斯爐上以中火燒5分鐘，待鐵板燒紅後，以夾子夾起，放置於鐵板專用的木板上。
2. 在鐵板上抹上少許奶油，放入油麵、青豆仁、胡蘿蔔、玉米粒、打散的蛋汁，淋上鐵板麵醬汁後迅速蓋上鍋蓋，才不會被醬汁噴到。
3. 鐵板麵蓋上鍋蓋要稍等一下，等鐵板麵發出吱吱的聲音較小時才掀開鍋蓋，撒上起司粉，將麵拌勻後即可食用。

國家圖書館出版品預行編目 (CIP) 資料

醬，讓料理更好吃：快速掌握料理的靈魂，做出 50 道美味的素料理 / 王延庸，黃金生，邱寶鈅合著 . -- 二版 . -- 新北市：雅書堂文化事業有限公司，2024.04
面； 公分 . -- (Vegan Map 蔬食旅；4)
ISBN 978-986-302-701-0(平裝)

1.CST: 調味品 2.CST: 素食食譜

427.61　　113003101

Vegan Map 蔬食旅 04

醬，讓料理更好吃

快速掌握料理的靈魂，做出 50 道美味的素料理

作　　者／王延庸・黃金生・邱寶鈅
發 行 人／詹慶和
執行編輯／林昱彤・詹凱雲
編　　輯／劉蕙寧・黃璟安・陳姿伶
封面設計／王婷婷・陳麗娜
美術編輯／周盈汝・韓欣恬
出 版 者／雅書堂文化事業有限公司
發 行 者／雅書堂文化事業有限公司
郵政劃撥帳號／18225950
戶名／雅書堂文化事業有限公司
地址／新北市板橋區板新路 206 號 3 樓
電子信箱／elegant.books@msa.hinet.net
電話／(02)8952-4078
傳真／(02)8952-4084

2024 年 4 月二版一刷　定價 280 元

經銷／易可數位行銷股份有限公司
地址／新北市新店區寶橋路 235 巷 6 弄 3 號 5 樓
電話／(02)8911-0825
傳真／(02)8911-0801

SAUCE

SAUCE

SAUCE

SAUCE